BEI GRIN MACHT SICH IHR WISSEN BEZAHLT

- Wir veröffentlichen Ihre Hausarbeit,
  Bachelor- und Masterarbeit

- Ihr eigenes eBook und Buch -
  weltweit in allen wichtigen Shops

- Verdienen Sie an jedem Verkauf

Jetzt bei www.GRIN.com hochladen
und kostenlos publizieren

Christoph Behnke

Sedimentologie und Mineralogie. Was sagen Korngröße und (Schwer-) Mineralogie über die Landschaftsgeschichte aus?

GRIN Verlag

Bibliografische Information der Deutschen Nationalbibliothek:

Die Deutsche Bibliothek verzeichnet diese Publikation in der Deutschen National-
bibliografie; detaillierte bibliografische Daten sind im Internet über http://dnb.d-
nb.de/ abrufbar.

Impressum:

Copyright © 2014 GRIN Verlag GmbH
Druck und Bindung: Books on Demand GmbH, Norderstedt Germany
ISBN: 978-3-656-73737-7

Dieses Buch bei GRIN:

http://www.grin.com/de/e-book/279921/sedimentologie-und-mineralogie-was-
sagen-korngroesse-und-schwer-mineralogie

GRIN - Your knowledge has value

Der GRIN Verlag publiziert seit 1998 wissenschaftliche Arbeiten von Studenten, Hochschullehrern und anderen Akademikern als eBook und gedrucktes Buch. Die Verlagswebsite www.grin.com ist die ideale Plattform zur Veröffentlichung von Hausarbeiten, Abschlussarbeiten, wissenschaftlichen Aufsätzen, Dissertationen und Fachbüchern.

Besuchen Sie uns im Internet:

http://www.grin.com/

http://www.facebook.com/grincom

http://www.twitter.com/grin_com

Eberhard-Karls-Universität Tübingen

Mathematisch-Naturwissenschaftliche Fakultät

Geographisches Institut

Hausarbeit

„Sedimentologie und Mineralogie – Was kann uns Korngröße und (Schwer-)Mineralogie über die Landschaftsgeschichte berichten?"

WS 2013/2014

Leitung: Dr. Christine Thiel

Christoph Behnke

M.Sc. Physische Geographie, 1. Semester

Matrikel-Nummer: 3835214

christoph.behnke@student.uni-tuebingen.de

07.02.2014

Gliederung

1 Einleitung

Im Sinne des Aktualismusprinzips, dessen Denkansatz innerhalb der Geowissenschaften zur Betrachtung der geologischen Prozesse der Vergangenheit Beachtung findet, lassen sich relief- wie auch landschaftsgenetische Entwicklungen aufgrund empirischer Beobachtungen der Gegenwart gleichsam für die Vergangenheit ableiten. Dabei sind räumliche wie zeitliche Variationen über die Sedimentation ablesbar (LOWE & WALKER 1997: 85). Zu beachten ist dabei jedoch der Umstand, dass jedes Sediment eine Summation einzelner Verlagerungs-vorgänge darstellt und es dementsprechend zum Betrachtungszeitpunkt nicht nur vollständig erhalten sondern auch gekappt sowie reliktisch oder fossil vorzufinden sein kann (BREMER 1989: 26). Doch haben die einzelnen Vorgänge nicht nur Auswirkungen auf den Erhaltungs-grad des Sediments in seiner Abfolge und Mächtigkeit, ebenso lassen sie sich über den Mineralbestand beziehungsweise dessen Erhaltungsgrad und die sedimentierte Korngröße sowie deren Spannweite innerhalb des gesamten Sedimentkörpers nachvollziehen (BREMER 1989: 28; LOWE & WALKER 1997: 141).

Grundlegend lässt sich über die Korngröße sowie die Mineralogie des Sediments auch die während des Prozesses der Verlagerung stattgefundene Transportart feststellen, wobei insbesondere die Geschwindigkeit dieser Sedimentation auch immer als zusammen-hängende Funktion des Klimas sowie tektonischer Prozesse zu betrachten ist. Wechsel in der Sedimentabfolge können dabei durch Änderungen im Erosions- oder Sedimentations-raum sowie innerhalb dieser beiden Elemente der Sedimentation bedingt sein (BREMER 1989: 288f.). Dabei besteht zwischen dem Erosions- und dem Sedimentationsraum ein funktionaler Zusammenhang, welcher sich insbesondere für die Volumina wie auch den Mineralbestand als zutreffend zeigt (LESER 2009: 227).

Auf Grundlage dieser beschriebenen Parameter werden die Ableitung von Paläo-, Klima- und Atmosphärendruckverhältnissen sowie über Ablagerungen und deren Verteilung im Raum als auch deren Richtung ebenso Aussagen über die Landschaftsentwicklung mög-lich (BREMER 1989: 26; LOWE & WALKER 1997: 127).

2 Sedimentologie

Um Veränderungen der Umweltbedingungen über geologische Zeitskalen hinweg verfolgen zu können bedarf es entsprechender Sedimentationsräume, welche für die Ausbildung eines (quasi-)natürlichen Proxys geeignet sind.

Sämtliche Akkumulationsräume der glazigenen Serie scheinen dabei bereits ungeeig-net, da weder die diversen Moränen noch der Sander etwaige Aufzeichnungen der Klimabe-dingungen innerhalb der Warmzeiten oder den Periglazialräumen ermöglichen, sondern lediglich die Landschaftsgeschichte des Glazialraumes zu den Kaltzeiten abbilden.

Ebenso gibt es auch bei den aquatischen Sedimentationsräumen einschränkende Bedingungen. So eignen sich die Sedimentationsareale der Flüsse auch nur stark begrenzt für eine Abbildung längerfristiger Klimaschwankungen, da diese zumeist das Relief erosiv beeinflussen und deren Akkumulationsphasen starken Schwankungen den äußeren Einflussfaktoren entsprechend unterliegen (Louis 1979: 222; Chamley 1990: 140). Dem entgegen zeichnen sich limnische wie auch marine Gewässer durch einen stetigen Sedimenteintrag aus, sodass sie im Folgenden Beachtung finden werden (Tucker 1985: 70; Catt 1992: 88).

Auch bei den äolischen Ablagerungen gilt es zu unterscheiden. Da für den Transport von Flugsand eine hohe Transportenergie notwendig ist, können dergestaltige Sedimentationsräume abgesehen von ihrer geringen globalen Verteilung nur die Umweltbedingungen während Zeiten starken Windeinflusses widerspiegeln und eignen sich entsprechend gering als ein quasikontinuierlicher Proxy (Louis 1979: 484; Bremer 1989: 285). Dem entgegen weist der global recht weit verbreitete Löss durch die geringer aufzuwendende Schubkraft eine gute Eignung auf, zumal er entgegen den Flugsandsedimenten infolge seiner Kornmorphologie statisch stabile Sedimentkörper ausbildet, welche eine Aufzeichnung der Veränderungen der Umweltbedingungen konstant und in chronologischer Reihenfolge möglich macht (Tucker 1985: 99). Entsprechend dieser Charakteristika wird er in der folgenden Abhandlung ebenfalls genauerer Betrachtung unterliegen.

2.1 Grundlagen der Sedimentologie

Verlagerungen von Substrat stellen eine Folge der kinetischen Energie dar, welche das im Zusammenhang mit den Verlagerungsvorgängen stehende Transportmedium aufweist, wobei ein proportionaler Zusammenhang zwischen Erosionsrate und Ausmaß des Transportmediums sowie auch zwischen Transportgeschwindigkeit und potentiell zu verlagernder Massen im Einzelnen zu verzeichnen ist (Louis 1979: 484). Dabei muss eine leichte Erodibilität des Substrates am Austragungsort gegeben sein, wobei die dafür notwendige Exposition nicht durch Faktoren wie etwa einer schützenden Vegetationschicht verhindert werden darf (Leser 2009: 285; Louis 1979: 494). Weiterhin sei insbesondere erwähnt, dass sich die Masse eines Körpers proportional zu dessen Dichte bei der Errechnung des Volumens verhält, eine Differenzierung innerhalb der Korngröße also nicht gezwungenermaßen in Veränderungen der Sedimentationsbedingungen als vielmehr auch in Veränderungen des Mineralbestandes vor allem zwischen Leicht- und Schwermineralen begründet sein können. Ebenso bedarf es besonderer Beachtung, dass die Mobilisierungsenergie während der Aus- oder Abtragungsprozesse höher ausfallen muss als die für den weiteren Transport notwendige; die Akkumulation findet dem entgegen in Bereichen statt, wo die Transportkapazität durch einen Rückgang der kinetischen Energie oder ähnliche Faktoren nachlässt (Louis 1979: 484).

Als residualer Hinweis am Erosionsstandort bleibt vermehrt grobkörnigeres Substrat zurück, dessen Masse sich über der Transportkapazität der Verlagerung bewegte. So bilden insbesondere Stonelines oder Steinpflaster innerhalb eines feinkörnigeren Sedimentkörpers einen Indikator für Austragungsprozesse fluviatiler sowie vor allem äolischer Natur (GROTZINGER ET AL 2008: 528). Zudem sind bei letztgenanntem Prozess auch Erratika in Form von Windkantern aufzufinden, deren Schliff in der seitenweisen Bestrahlung mit abrasierender Windfracht begründet liegt (BREMER 1989: 373f.; CATT 1992: 41; LESER 2009: 286).

2.2 Rekonstruktion der Paläoumwelt über Zurundung & Schliff des Korns

Aufgrund der Ausprägung der Zurundung eines einzelnen Sedimentkorns sowie auch über (mikro-)morphologische Ausprägung der Kornoberfläche lassen sich Aussagen über die stattgefundene Transportart beziehungsweise der Vielfalt dieser tätigen.

So ergibt sich durch den Einfluss glazigener Prozesse infolge eines relativ geringen Transportweges zumeist nur eine kantengerundete Kornmorphologie, wobei die gröberen Bestandteile der unsortierten Matrix dabei die Form von Geschossen infolge der Einregelung in Verlagerungsrichtung einnehmen können (EHLERS 1994: 114; LOWE & WALKER 1997: 89). Die oberflächlichen Kritzspuren, welche mit der physikalischen Verwitterung der Gletscherabrasion einhergehen, erlauben dabei die gezielte Differenzierung von gröberen Sedimentbestandteilen, welche sich durch Massenbewegungen wie Lahare oder Murgang-Rutschungen ergeben würden (LOUIS 1979: 443f.; BREMER 1989: 286).

Eine bessere Zurundung weisen dem entgegen die Bestandteile der aquatischen Sedimentationsräume auf, insbesondere umso weiter deren Austragungsort vom Sedimentationsort entfernt ist, wie etwa innerhalb der Weltmeere zutreffend, wo die Wellenbewegungen einer zusätzlichen Rundung förderlich sind (TUCKER 1985: 70; CHAMLEY 1990: 53; STRAHLER & STRAHLER 2009: 426). Grundlegend kann der gute Rundungsgrad auf das gegenseitige Abstoßen der Flussgerölle und Bestandteilen der Suspensionsfracht als auch durch Abrasion von Gesteinsbestandteilen des Flussbetts zurückgeführt werden, wobei sich bei genauer Betrachtung der Körner eine geringe Anzahl von Schliffspuren ergeben, welche als Beweis dieses Prozesses angesehen werden können (LOUIS 1979: 222). Durch den Wassertransport ergibt sich auf Grundlage dieser oberflächenwirksamen Prozesse generell eine eher glänzende Kornoberfläche (HENDL 2002: 127).

Äolische Verlagerungsprozesse schließlich resultieren in mäßig bis gut gerundeten Körnern, wobei der glazigen entstandene Löss durch einen geringeren fluviatilen Transport tendenziell schlechtere Rundungsgrade als etwa die Kornfraktionen des zuvor fluviatil weiter verlagerten Flugsands innerhalb der Flussebenen aufweisen (TUCKER 1985: 69, 99). Obgleich die Kornoberflächen der äolischen Sedimente wie bei dem Vorgang der Sandstrahlung stetig

poliert werden, zeigen sie optisch jedoch wie innerhalb der Abbildung 1 ersichtlich eher eine matte Kornoberfläche (Louis 1979: 488; Hendl 2002: 127). Diese ergibt sich durch die mikromorphologisch kleinen Einschlagstrichter, welche durch die Kollisionen der einzelnen Körner untereinander während des Transports entstanden sind sowie zum Anderen durch die Lösung des selbst innerhalb arider Klimate vorzufindenden Taureif (Grotzinger et al 2008: 526).

Abb. 1: Mattierte, gerundete Quarzkörner als Indikator für äolischen Transport (Grotzinger et al 2008: 526).

2.3 Korngröße & Sedimentologie

Selbst eine geringfügige Variabilität der mittleren Korngröße oder deren Spannweite kann einen Hinweis auf Umweltveränderungen darstellen (Lowe & Walker 1997: 86; Leser 2009: 231f.). Dabei gilt es zu beachten, dass die Größe des Korns, welches sich im Sedimentkörper vorfinden lässt, nicht unbedingt mit der erodierten Korngröße gleichzusetzen ist, da insbesondere die Prozesse Abrasion oder Saltation eine Herabsetzung der Korngröße während des Verlagerungsvorganges bewirken können (Louis 1979: 485ff.; Ahnert 2009: 119). Entsprechend ist es denkbar, dass Sedimentbestandteile anfänglich einer höheren Schubkraft unterlagen, als dies etwa durch ihre gegenwärtige Ausprägung bei alleiniger Betrachtung der Korngröße und nicht in Kombination mit dem weiteren Bestand offenbar wird (Bremer 1989: 28). Aufgrund dessen lässt sich insbesondere durch die Zurundung des gering verwitterungsanfälligen Quarzes auf die Verlagerungsart sowie die Dauer und Entfernung dieses Prozesses schließen (Lowe & Walker 1997: 87; Hendl 2002: 60). Weitere Bestandteile, etwa der Magmatite, werden dem entgegen bereits nach Strecken von 100 bis 300 Kilometern, Fragmente von Sandsteinen und Kalkgeröllen sogar bereits abhängig vom Medium nach 10 bis 15 Kilometern Verlagerungsweite auf die Hälfte ihres Volumens abrasiert (Füchtbauer 1988: 75ff.; Hendl 2002: 59). Daraus ergibt sich im Folgenden eine potentiell einfachere Verlagerung des Substrats sowie die Möglichkeit der Aufnahme weiteren Materials während des Transportprozesses. Zu erwähnen sei an dieser Stelle, dass das Substrat eines Korns dessen Form und damit den abgeleiteten Zurundungsgrad zu einem bestimmten Anteil bestimmt, sodass die ideale Kugelform nicht immer erreicht wird und es ebenso zu der Herausbildung von Ellipsoiden, Platten oder Walzen kommen kann (Hendl 2002: 59).

4

2.3.1 Korngrößenspezifika äolischer Verlagerung

In der Form des äolischen Transports erfolgt primär die Verlagerung von Substratpartikeln der Schluff- sowie auch der Sandfraktion, jedoch finden sich ebenso bis in die Schlufffraktion aggregierte Tonminerale, wodurch deren vereinfachte Verlagerung ebenfalls möglich wurde (LESER 2009: 276). Dabei weisen die aus dieser Transportart hervorgehenden Sedimente in Relation zu anderen Verlagerungsvorgängen eine sehr hohe Sortierrate aufgrund relativer Gleichmäßigkeit der Transportkapazität über einen längeren Zeitraum auf (TUCKER 1985: 69).

Löss bildet dabei das Sediment mit der global größten Verteilung, wodurch es sich insbesondere in erosionsgeschützten Reliefpositionen zur Rekonstruktion der Umweltbedingungen während des Akkumulationszeitraums und folgender Warmzeiten sowie zur Datierung dieser einzelnen Umweltveränderungen anbietet, selbst wenn der einzelne Sedimentationskörper nicht vollständig erhalten ist und deshalb mit erhaltenen Sequenzen aus der Umgebung korreliert werden muss (LESER 2009: 285).

Löss setzt sich zu einem Großteil aus Grobschluff sowie zu geringeren Gemengeanteilen aus Feinsand und Ton zusammen (LOUIS 1979: 519). Flugsand hingegen weist aufgrund der größeren Masse der ihm eigenen Korngrößen über das gesamte Spektrum der Sandfraktion hinweg nur Verlagerungsweiten von einigen Metern bis zu wenigen Kilometern auf, wobei sich innerhalb der Sedimentkörper auch vereinzelt zugerundetes Gestein in der Größenordnung Kies vorfinden lässt (LOUIS 1979: 485ff.; AHNERT 2009: 119).

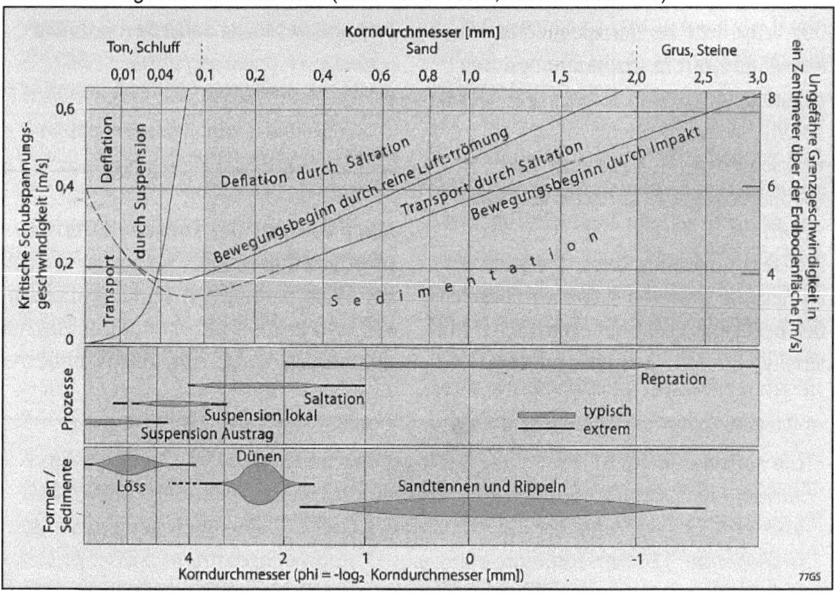

Abb. 2: Beziehungen zwischen Windgeschwindigkeit und Prozessen mit der Korngröße (LESER 2009: 276).

Diese resultieren aus einer Verlagerung an der Geländeoberfläche durch den innerhalb des Diagramms in Abbildung 2 ersichtlichen Prozesses der Reptation, bei welchem durch die kinetische Energie der Sandkörner weitere Gesteinskörper von bis zu sechsmal größerem Durchmesser über kurze Strecken eine Verlagerung erfahren (Catt 1992: 49).

Ebenso wie bei Löss muss auch für die Verlagerung von Flugsand ein Akkumulationsraum mit rückgängiger Transportkapazität des Windes wie in Leelagen gegeben sein, welcher durch das Relief der Geländeoberfläche an sich oder eine rückhaltende Bodenvegetation ausgebildet sein kann (Louis 1979: 494; Leser 2009: 285).

2.3.2 Korngrößenspezifika aquatischer Verlagerung

Grundlegend gilt auch an dieser Stelle, dass das Lockersubstrat exponiert für eine fluviatile Verlagerung vorliegen muss und nicht durch entsprechende Umweltverhältnisse ein umfassender Schutz vor Erosion wie etwa durch einen flächendeckenden Bestand an Bodenbewuchs bestehen darf. Bei einer Substratverlagerung durch Wasser lassen sich des Weiteren ebenso wie bei der Verlagerung von Flugsand zwei unterschiedliche Arten des Transports unterscheiden; Erstere umfasst die feineren Bestandteile der Schluff- und Tonfraktion welche als Suspensionsfracht transportiert werden, wohingegen sich die Zweite der Saltation aus dem Transport von Gesteinsfragmenten mit einer Größenordnung bis hin zu Blöcken auf der Oberfläche des Gewässerbetts ergibt. Dabei sei zu erwähnen, dass gemäß dem in Abbildung 3 dargestelltem Hjulström-Diagramm die Verlagerung von Bestandteilen der Schlufffraktion weniger Energie benötigt als für die Verlagerung von Substrat der Sand- sowie der Tonfraktion durch fluviatile Prozesse notwendig ist.

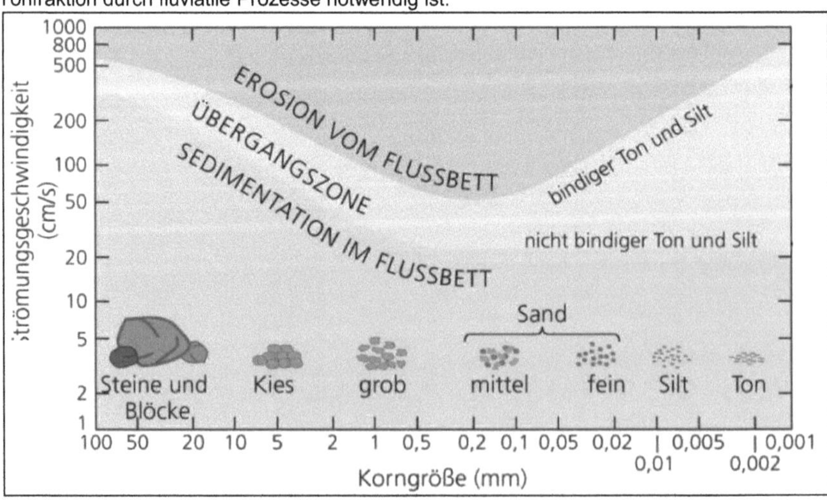

Abb. 3: Zusammenhang zwischen Korngröße & Fließgeschwindigkeit nach Hjulström (Grotzinger et al 2008: 504).

Innerhalb der aquatischen Akkumulationsräume gilt es ebenso zu differenzieren. Entgegen dem marinen Milieu, welches sich durch eine Durchmischung der verschiedensten Verhältnisse innerhalb des gesamten Einzugsgebiets eines in den Ozean mündenden Vorfluters darstellt, bietet das lakustrine Milieu eine höhere Auflösung innerhalb des Sedimentkörpers, da es sich näher am Austragungsort befindet und dessen Zusammensetzung die Verhältnisse des Erosionstandortes gezielter wiedergibt sowie allgemein empfindlicher auf direkte Umwelteinflüsse durch seine Umschließung von Landmasse empfindsamer reagiert (CATT 1992: 88; LOWE & WALKER 1997: 136). Schließlich dürfte innerhalb des aquatischen Milieus in der Gesamtschau eine relativ heterogene, wenn auch geschichtete Korngrößenabfolge hervorgehen. Da Bestandteile größeren Korndurchmessers und entsprechend höherer Masse schnellere Sinkzeiten als etwa die Suspensionsfracht aufweisen, erfolgt eine Schichtung von gröberem Sediment unterhalb zu feinerem aufliegend innerhalb des transportierten Spektrums (GROTZINGER ET AL 2008: 121).

2.4 Rekonstruktion der Paläomweltverhältnisse über die Korngröße

Generell werden über die Abfolge einzelner Sequenzen sowie die Spannweite dieser innerhalb eines Sedimentkörpers Aussagen über paläoklimatische wie auch –landschaftliche Verhältnisse möglich. Zum einen lässt sich auf Grundlage dieser auf die Verwitterungsform schließen, da größere Korngrößen aus einer physikalischen Verwitterung resultieren, welche unter ariden Klimabedingungen und häufigen Temperaturwechseln infolge der Insolation stattfindet, während insbesondere die Tonminerale auf intensive chemische Verwitterung zurückzuführen sind, welche insbesondere unter stark humiden Niederschlagsverhältnissen sowie bei hohen Temperaturen auf die Substratbestandteile einwirkt (ÚJVÁRI ET AL 2014: 34).

2.4.1 Rekonstruktion über die Korngröße äolischer Verlagerungen

Infolge der Korngrößenspezifikation des Löss lässt sich für die klimatischen Verhältnisse während der Verlagerung dieses Substrates auf aride Niederschlagsverhältnisse schließen, da abgesehen von der Produktion dessen in Gletschervorfeldern und Gewässerläufen eines braided-river-Systems sonst insbesondere die Tonminerale durch Kohäsionskräfte innerhalb größerer Aggregate gebunden vorgelegen hätten und nicht in derartig großen Mengen äolisch hätten verlagert werden können (FÜCHTBAUER 1988: 229f.). Ein weiterer Hinweis auf derartige Paläoklimaverhältnisse ergibt sich neben den hohen Verlagerungsmengen durch die großen Verlagerungsweiten von bis zu mehreren hundert Kilometern, woraus sich auf einen entsprechend kargen Vegetationsbewuchs infolge geringen Niederschlags wie auch niedriger Temperaturen schließen lassen kann.

Dabei ist über den äolischen Transport von Sand eher eine Aussage über die Temperatur-verhältnisse und vorherrschenden Windstärken als über das Niederschlagsregime möglich, da Sand infolge eines hohen Anteils an Makroporen Wasser relativ schnell abführt und sich infolge dessen keine Aggregierung ergibt (Louis 1979: 495).

Innerhalb des jeweiligen Sedimentkörpers kann eine Sequenz von einer grobkörnigen hin zu einer feinkörnigen Matrix oberhalb auf einen Anstieg der Temperatur und damit ein-hergehendem erhöhten Vegetationsbewuchs bei entsprechender Wasserverfügbarkeit an-deuten, da somit potentiell weniger Substrat zur Verfügung stünde und entsprechend auch feinste Bestandteile der Luftfracht absedimentieren. Auch das Nachlassen bodennaher Windgeschwindigkeiten, was ebenfalls wieder auf einen Vegetationsbewuchs zurückgeführt werden könnte, würde ein derartiges Resultat liefern (Louis 1979: 494; Leser 2009: 285).

Zu beachten ist bei äolischen Verlagerungen lediglich, dass auch der Akkumulations-raum in der Folge der Erosion unterlegen haben kann und sich innerhalb der Sequenzen ein Hiatus vorfinden lassen kann, sodass die zeitliche Abfolge der einzelnen Sequenzen zwar zumeist stimmig, nicht jedoch vollständig innerhalb eines Sedimentkörpers vorhanden ist.

2.4.2 Rekonstruktion über die Korngröße aquatischer Verlagerungen

Innerhalb der Sequenzen eines Sedimentationskörpers im aquatischen Milieu deuten höhere Sedimentationsraten ebenso wie höhere Korngrößen auf ein humides Klima während des Transport- und Sedimentationsprozesses hin. Diese Erkenntnis ergibt sich zum Einen aus dem Umstand, dass erhöhte Niederschläge generell für eine Erhöhung des Erosionsgesche-hens sorgen, in dessen Folge auch höhere Korngrößen verlagert werden können. Weiterhin lässt sich durch erhöhte Niederschläge eine Erhöhung des Durchflusses der Fließgewässer und folglich auch die Erhöhung der Transportkapazität schlussfolgern (Tucker 1985: 79). Die Ausprägung der Geröllfracht eines solchen Fließgewässers erhöht sich bei einer Verzwei-fachung der Fließgeschwindigkeit dabei um das Achtfache (Strahler & Strahler 2009: 568; Goudie 2007: 400). Eine Verminderung der Korngröße innerhalb einer Sequenz weist dage-gen auf eine zunehmende Aridität hin, da entsprechend weniger Niederschlagswasser zur Erhöhung des Durchflusses zur Verfügung steht, was entweder durch allgemein niedrigere Niederschlagsraten wie in heißariden Regionen oder aber Einbindung der Wassermassen in Schnee- und Eismassen wie bei kaltariden Regionen hervorgerufen werden kann, sodass folglich das Substrat im Erosionsgebiet möglicherweise exponierter vorliegt, jedoch eine weitgehende Verlagerung lediglich für die feinkörnige Suspensionsfracht gewährleistet sein kann (Grotzinger et al 2008: 122).

Schließlich sei darauf verwiesen, dass neben dem Sedimenteintrag über Fließge-wässer auch ein Abbruch der Uferkanten in der Sedimentation insbesondere innerhalb des

Stehgewässers resultieren kann, wodurch eine Überbewertung der Sedimentationsrate beziehungsweise eine Verfälschung des Korngrößenspektrums insbesondere bei Betrachtung ufernaher Bereiche nicht ausgeschlossen bleibt (CHAMLEY 1990: 147). Ebenso ist ein äolischer Eintrag in das lakustrine Milieu insbesondere in Zeiten geringerer Zufuhr durch das Fließgewässer infolge erhöhter Aridität zu beachten, da dieses Substrat sich dabei relativ anreichert (FÜCHTBAUER 1988: 198). Als Folge dieser Einflüsse ist zwar kein Hiatus wie bei der äolischen Sedimentation, wohl aber eine Übersedimentation aus einem Wirkungsgeflecht gegeben, welches es nicht überzubewerten gilt.

3 Mineralogie

3.1 Tonmineralogie

Ganz allgemein stellen alle Tonminerale Alumosilikate mit einer Schichtstruktur dar, wobei diese umso stärker Verwitterungsprozessen unterliegen, je geringer die einzelnen Schichten der silikatischen Tetraeder untereinander verbunden sind (TUCKER 1985: 86). Durch die Verwendung eines Röntgenstrahlen-Diffraktometers wird selbst die Bestimmung von Sedimentsubstrat dieser Korngrößenfraktion ermöglicht, sodass sich in der Folge die Möglichkeiten einer Herkunftsbestimmung ergeben (LOWE & WALKER 1997: 88).

Tonminerale reflektieren die Paläoumweltbedingungen eines Liefergebietes am getreuesten unter allen denkbaren mineralogischen Archiven eines Sediments, da infolge ihrer Grundstruktur eines Zweischicht- oder Dreischicht-Tonminerals im Allgemeinen sowie ihrer spezifischen Typologie im Speziellen nicht nur auf die Klimabedingungen während der Verlagerung sondern auch auf prä- und postsedimentäre Bedingungen rückgeschlossen werden kann (TUCKER 1985: 47, 90). So bildet sich etwa Kaolinit, welcher unter allen Tonmineralen die größte Ausdehnung aufweist und dadurch entsprechend der bereits beschriebenen Prozesse innerhalb des Kapitels Sedimentologie am ehesten akkumuliert wird, ausschließlich innerhalb von der chemischen Verwitterung stark beanspruchten Sedimenten (TUCKER 1985: 91; FÜCHTBAUER 1988: 199). Entgegen dem lassen sich die Dreischichttonminerale primär auf Verwitterungsprozesse der magmatischen oder metamorphen Gesteinsklassen zurückführen; so resultiert die Verwitterung von Vulkaniten vorzugsweise in der Herausbildung von Smectit, wohingegen Illit oder Chlorit aus der Verwitterung von Plutoniten oder metamorphen Gesteinen hervorgehen (CHAMLEY 1990: 250f.).

Entsprechend der Verteilung der Landmassen auf dem Planeten sowie der Lage von einem Großteil der Vulkane, welche durch den sogenannten Feuergürtel wie innerhalb der Abbildung 4 auf der folgenden Seite ersichtlich beschrieben wird, lässt sich global eine grob schematische Unterteilung der Hemisphären bezugnehmend auf die Tonmineralgenese vornehmen. Da sich auf der Südhemisphäre global betrachtet ein Großteil der vulkanischen Aktivität vollzieht und der Input vulkanischen Substrats entsprechend größer ist, lassen sich innerhalb der Ozeane dieser Erdhälfte vermehrt Konzentrationen an Smectit vorfinden (SINGER 1984: 254). Dem entgegen stehen die relativ hohen Anteile von Illit innerhalb von Ozeanen der nördlichen Hemisphäre, welche einen höheren Input an Substrat kontinentalen Ursprungs zeigen, wobei das häufig mit Illit assoziierte Chlorit einen Hinweis auf einen ausgeprägten fluviatilen Sedimenttransport innerhalb höherer Breiten gibt (SINGER 1984: 254).

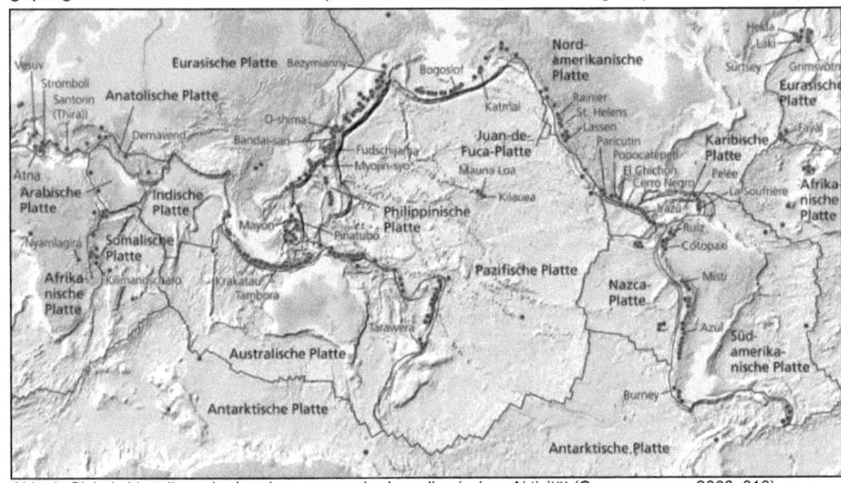

Abb. 4: Globale Verteilung der Landmassen sowie der vulkanischen Aktivität (GROTZINGER ET AL 2008: 316).

Entsprechend dieser Unterscheidungen ergibt sich die Funktion der Tonminerale speziell in marinen Sedimenten als Indikator für die Bestimmung der Provinzen des Austrags sowie im Zusammenhang damit stehend die Rekonstruktion von paläoklimatischen Verhältnissen. Selbst wenn einzig aufgrund der Tonmineralzusammensetzung und ohne weitere Untersuchungen keine Aussage über das genaue Austragungsgebiet und den zeitlichen Ablauf der Prozesse möglich ist, so bildet ihr Vorkommen doch ein wertvolles Archiv über aggregierte Informationen der paläoklimatischen Ereignisse (SINGER 1984: 253).

Der Löss, welcher aufgrund seines Bedeckungsgrades der Landoberfläche von etwa 10 % das wesentlichste äolische Sediment darstellt, besteht dabei zu einem Großteil aus Illit und lediglich geringen Bestandteilen Kaolinit sowie Smectit (FÜCHTBAUER 1988: 229f.; GROTZINGER ET AL 2008: 533). Unter anderem auf Grundlage dieser Zusammensetzung lässt sich der starke Einfluss der physikalischen Verwitterung von kontinentaler Kruste begründen, welche sich infolge der Abrasion von Substrat an der Geländeoberfläche durch die Mahlwirkung der Gletschermassen im Glazialraum vollzog (GROTZINGER ET AL 2008: 587). Denn die Tonminerale

Illit wie auch Chlorit entstehen vorzugsweise durch die physikalische Verwitterung innerhalb kaltarider Klimate, wohingegen Smectit das Verwitterungsprodukt von Illit unter wärmeren und kaum feuchten Bedingungen darstellt (CHAMLEY 1990: 250; AVRAMIDIS 2013: 9; ÚJVÁRI 2014: 34). Insbesondere der geringe Anteil des Tonminerals Kaolinit innerhalb des Lösses scheint dem entgegen aus präsedimentären chemischen Verwitterungsprozessen der Warmzeiten zu stammen, da dessen Genese nicht einzig auf physikalische Verwitterungsprozesse des (peri-)glazialen Raumes zurückgeführt werden kann. Denn rezent zeigt sich die Neubildung von Kaolinit sowie des komplett verwitterten Gibbsits nur innerhalb der feuchten Tropen, sodass bei einem fossilen Auftreten dieses Tonminerals auf entsprechende klimatische Verhältnisse in der Vorzeit geschlossen werden muss (SINGER 1984: 254; BREMER 1989: 285).

Dabei ist diese intensive chemische Verwitterung jedoch nicht zwingend dem Klima des Austragungsortes dieser Bestandteile zuzuordnen; ebenso kann bei einem nachweislich äolischem Transport eine langzeitige Exposition des Substrates an der Landoberfläche postsedimentäre chemische Verwitterung begünstigt haben, was gemeinhin aufgrund der pedogenetischen Herausbildung eines Paläobodens infolge dieser Prozesse im Geländebefund ersichtlich werden dürfte (SINGER 1984: 254f.). Weiterhin muss auch eine geringe mineralische Verwitterung der Substratbestandteile nicht zwingend einen Hinweis auf eine lediglich geringfügige physikalische Verwitterung darstellen. Auch ist bei dem Nachweis derartiger Substratzusammensetzung eine hohe Sedimentationsrate denkbar, wodurch eine intensive postsedimentäre Verwitterung nicht in umfangreichem Maße infolge der zeitnahen Überdeckung des damit konservierten Substrates ansetzen konnte (ÚJVÁRI 2014: 35).

Die Umwandlung der Tonminerale zeigt sich konsequenterweise nicht nur abhängig vom Expositionsgrad, ebenso reagieren diese entsprechend ihrer Verwitterungsreihe auf Veränderung der klimatischen Bedingungen. Aufgrund dieser Eigenschaft ist es letztlich auch möglich Klimatendenzen oder – schwankungen innerhalb eines Sedimentationskörpers auf Grundlage der Tonmineralogie nachzuvollziehen. Dabei ist zu beachten, dass sich diese Veränderung der Umwelteinflüsse zumeist bis zu einem gewissen Grade auch auf bereits als Paläoboden vorliegendes Substrat in größerer Tiefe niederschlägt, da die fossilierende Auflage selten so mächtig ausfällt, als dass die Tonminerale innerhalb dieser Schichten völlig den Umwandlungs- beziehungsweise Verwitterungsprozessen entzogen werden könnten (SINGER 1984: 254). Diese Verwitterungsprozesse lassen sich in der Hydrolisierung der Tonminerale begründen, welche zu einer zwischenschichtigen Aufweitung deren äußeren Enden führt. Diese ist in einem Zusammenhang mit vorherrschender Humidität zu sehen, da entweder Niederschlags- oder aber weit weniger häufig Grundwasser für die Zufuhr von Hydroxyionen sorgt, welche durch ihren Austausch der tonmineralgebundenen Kationen einen Verwitterungsprozess bewirken (SINGER 1984: 256). Entsprechend dieser Bedingungen eines intensiven chemischen Verwitterungsprozesses findet insbesondere bei kaltariden Klimabedingungen eine Konservierung statt (SINGER 1984: 256).

Aufgrund der beschriebenen Bedingungen und Prozesse, welche bestimmend für die Zusammensetzung der Tonmineralogie sind, gilt es einige Sachverhalte bei der Nutzung für die Rekonstruktion der quartären Umwelt zu beachten. Zum Einen muss einen Analogieschluss beschränkend erwähnt werden, dass der vorgefundene Sedimentkörper nicht zwingend die klimatischen Verhältnisse des Fundortes oder auch des Austragungsortes darstellt, sondern immer auch recycelte Tonminerale präsedimentärer Verwitterungsprozesse beinhalten kann, welche bereits möglicherweise mehrmalig eine Ablagerung innerhalb unterschiedlichster Akkumulationsräume entsprechender Verwitterungsbedingungen erfuhren (SINGER 1984: 260). Des weiteren muss einschränkend Erwähnung finden, dass innerhalb der unteren geographischen Breiten gering verwitterte Tonminerale weniger einen Hinweis auf ein kalt- als vielmehr auf ein heißarides Klima darstellen; also keine drastischen Umweltveränderungen in diesen Regionen zu quartären Zeitpunkten stattgefunden haben, sondern klimatische Verhältnisse vergleichbar den heutigen ebenfalls diese geringe Verwitterungsintensität aufwiesen (SINGER 1984: 260f.). Um die Tonmineralogie zur Rekonstruktion der Paläoumwelt wie auch -landschaft nutzen zu können, müssen notwendigerweise die Annahmen gemacht werden, dass die Tonminerale nicht durch postsedimentäre Prozesse verändert wurden und sie die Verteilung im Austragungsgebiet repräsentativ ungeachtet von Faktoren wie Relief, eines selektiven Transports durch das Verlagerungsmedium oder aufgrund der geologischen Charakteristika widerspiegeln (SINGER 1984: 264). Denn ebenso wie die natürlicherweise vorherrschende Selektivität durch das Transportmedium zeigen sich auch der Umfang und die Stärke der Erosionstätigkeit sowie die sedimentären Sortierungseffekte von Relevanz für die mineralogische Zusammensetzung des Sediments, deren es sich unter Geländebedingungen bewusst zu sein gilt (SINGER 1984: 271ff.). Schließlich ist bei der Analyse der Tonmineralogie immer auch der Faktor Zeit einer genauen Betrachtung zu unterziehen. Dabei können die Tonminerale auch bereits mehrere Sedimentationszyklen durchlaufen und entsprechend den einwirkenden Umweltbedingungen über mehrere Stadien hinweg der Verwitterung unterlegen haben, bevor diese zur Sedimentation im betrachteten Sedimentationskörper gelangten.

Entsprechend dieser Einschränkungen muss nach Möglichkeit auch die Lokation entsprechend aussagekräftiger Archive stattfinden. Die Ränder der Kontinentalschelfe sind dabei aufgrund der möglichen Ausbildung von Turbiditströmungen infolge des Abbruchs der Schelfkanten und der damit einhergehenden Durchmischung reliktischer Sedimentkörper ebenso wie die Deltaregionen eines in den Ozean entwässernden Vorfluters, innerhalb welcher eine Sortierung entsprechend der abnehmenden Korngröße aufgrund einer abnehmenden Transportkapazität vorzufinden ist, zu meiden (SINGER 1984: 288; TUCKER 1985: 95; CHAM-LEY 1990: 55, 170). Vielmehr eigenen sich als quasikontinuierliche Proxy uferferne Becken-bereiche des aquatischen Regimes zur Rekonstruktion der quartären Umweltbedingungen, wobei sofern möglich dabei Sedimentationsgebiete der niedrigen Breiten bevorzugt aufge-sucht werden sollten, da sich in höheren Breiten nur eine geringe bis stellenweise gar keine Sedimentzufuhr aus den Glazialregionen während der Kaltzeiten vollzog (SINGER 1984: 288).

3.2 Schwermineralogie

Ebenso wie über Tonminerale lassen sich durch ein bestimmtes Spektrum an Schwerminer-alen paläogeographische Rekonstruktionen des Klimas wie insbesondere auch der Land-schaft vollziehen. Diese eignen sich insbesondere durch ihre substratspezifische Zusam-mensetzung sowie das Charakteristikum eines Anteils von weniger als 1 % am Gesamt-mineralbestand als Indikator oder Archiv der Landschaftsgeschichte, wodurch gezielte Rückschlüsse möglich sind, welche etwa bei Elementen einer nahezu ubiquitären Verteilung nicht stattfinden könnten (TUCKER 1985: 47).

Neben einer Rekonstruktion des Liefergebiets sowie der petrographischen Zusam-mensetzung der vorherrschenden geologischen Verhältnisse lässt sich durch eine Schwer-mineralanalyse ebenso einhergehend damit die Unterscheidung von sedimentpetrographi-schen Provinzen vollziehen (TUCKER 1985: 49, 74; FÜCHTBAUER 1988: 123; MANGE & MAURER 1991: 5). Weiterhin ist durch eine solche die Länge und der Verlauf des Transportwegs eines Sediments, die flächenhafte Verteilung dessen ausgehend von einer Schüttung sowie eine Abgrenzung und Korrelation von Sedimentationskörpern möglich, wobei Letzteres einen Indi-kator für Anreicherungsvorgänge darstellt und insbesondere bei der Lagerstättenlokalisation von Relevanz ist (MANGE & MAURER 1991: 5).

Generell werden Schwerminerale neben den bereits genannten Vorzügen für die Rekonstruktion erdgeschichtlicher Prozesse aufgrund ihrer Eigenschaft einer hohen Verwit-terungsbeständigkeit verwendet. Es gilt dabei jedoch zu beachten, dass die Abrasion sowie eine weitergehende mechanische Zerstörung während des Transports aufgrund diversifizier-ter Widerstandsfähigkeit mineralspezifisch ausfällt (MANGE & MAURER 1991: 5). Insbesondere auch mit diesbezüglichen Veränderungen der Schwermineralkörner über den Transportweg hinweg ergeben sich im aquatischen Milieu unterschiedliche hydraulische Eigenschaften, welche auf Grundlage von Größe, Dichte und Form der Mineralkörner variieren (MANGE & MAURER 1991: 5).

Weiterhin gilt es eine mögliche Mineralauflösung zu beachten, welche sich wiederum substratspezifisch diversifiziert zeigt; dabei wird der Mineralbestand mit dem geringsten Widerstand zuerst entfernt, wodurch sich der Mineralbestand mit höherer Widerstandsfähigkeit sukzessive relativ anreichert und entsprechend mit dem Verlauf dieses Prozesses immer bestimmender in Erscheinung tritt (MANGE & MAURER 1991: 5). Schlussendlich ergibt sich daraus, dass sich entweder das Liefergebiet oder aber die Auflösungsprozesse für die jeweilige Schwermineralzusammensetzung verantwortlich zeigen können (MANGE & MAURER 1991: 5). In jedem Fall ist aber durch eine Änderung des Schwermineralspektrums abseits einer einfachen Verschiebung der Verteilungskurve auf die Änderung des Einzugsgebiets des jeweiligen Sedimentationskörpers auf Grundlage eines Abgleichs des Proxys mit den gegenwärtigen geologischen Verhältnissen zu schließen (MANGE & WRIGHT 2007: 435).

Insbesondere die verwitterungsanfälligen mafischen Minerale werden oft bereits vor dem Transport verändert, während eine Auflösung der Feldspäte zumeist mit dem Transport verläuft; Quarz hingegen zeigt erst bei einer starken chemischen Verwitterung über einen längeren Zeitraum sowie große Transportstrecken hinweg Lösungserscheinungen insbesondere in Gestalt der innerhalb des letzten Ausschnittes in Abbildung 5 ersichtlichen Cavenen (TUCKER 1985: 43ff.; BREMER 1989: 361; STRAHLER & STRAHLER 2009: 427). Diese Stabilität des Quarzes und damit des Grundgerüstes der Schwerminerale lässt sich mit der nicht vorhandenen Spaltbarkeit dieses Minerals begründen, wohingegen die geringe Widerstandsfähigkeit der Feldspäte mit einer guten Spaltbarkeit sowie auch der geringen chemischen Beständigkeit infolge hohen Potentials einer Hydrolisierung zu erklären sind (TUCKER 1985: 43ff.; BREMER 1989: 361). Neben einer gewissen Stabilität der Feldspäte unter ariden Bedingungen, welche sich daraus ergibt, können diese auch unter humiden Bedingungen eine Beständigkeit aufweisen, sofern hohe Erosionsraten für eine entsprechend zeitnahe Fossilierung dieses Mineralbestandes sorgen (TUCKER 1985: 47).

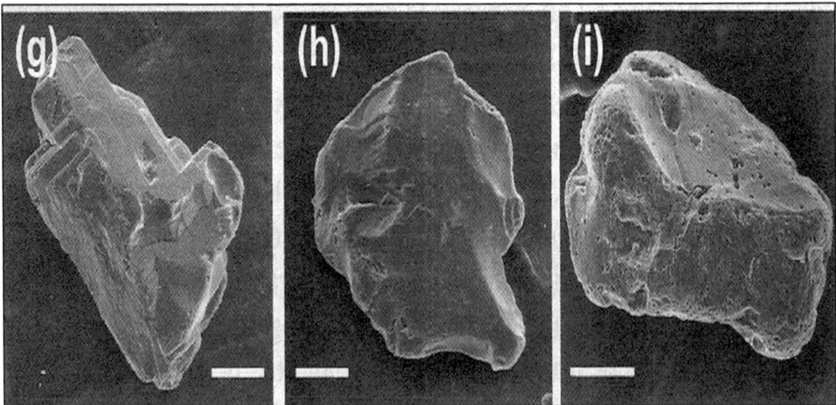

Abb. 5: Mikromorphologische Indikatoren der Verwitterung am Beispiel des Schwerminerals Granat (g) schlecht gerundet über (h) kaum gerundet bis (i) gerundet mit Lösungscavenen (MANGE & WRIGHT 2007: 187).

Wie in Mange & Maurer 1991 aufgelistet, verläuft der Gradient der Widerstandsfähigkeit vom sehr instabilen Olivin über die instabilen Schwerminerale Hornblende, Aktinolith, Augit, Diopsit, Hypersthen & Andalusit sowie über die mäßig stabilen wie Epidot, Disthen, eisenreichem Granat, Sillimanit, Titanit und Zoisit hin zu den stabilen wie Apatit, eisenarmen Granat, Staurolith und Monazit, welche schließlich von den extrem stabilen Schwermineralen wie Rutil, Zirkon, Turmalin und Anatas gefolgt werden (Mange & Maurer 1991: 8).

Eine weitere Diversifizierung der Schwerminerale, welche jedoch auch Kriterien der petrographischen Abgrenzung von Provinzen dienen kann, findet neben unterschiedlichen Kristallformen und Färbungen einhergehend mit chemischen Verunreinigungen statt, welche durch den Einbau von diversen Elementen innerhalb der normalen Kristallstruktur auftreten (Mange & Wright 2007: 435). Ebenso zeigen sich die jeweilige Morphologie und mit Verwitterungsprozessen einhergehende Lösungsstrukturen der einzelnen Mineralkörner Faziesspezifisch, sodass sich mit jeder Varietät Aussagen über die Genese sowie auch die Sedimentationsgeschichte des jeweiligen Bestandes tätigen lassen (Mange & Wright 2007: 435). So finden sich die stabilen Schwerminerale Rutil, Turmalin und Apatit neben dem nahezu ubiquitär verbreiteten Amphibolen etwa typischerweise bei vulkanogenen Magmatiten, wohingegen etwa die geringfügig instabileren Schwerminerale Granat, Epidot und Staurolith charakteristisch für Metamorphite sind (Tucker 1985: 49; Mange & Wright 2007: 435). Der Mineralbestand der sedimentären sowie felsitisch-plutonischen Gesteinsmassen weist entgegen dem von mafischen Plutonen und Metamorphiten geringere Dichten auf, wodurch allgemein ein nur unwesentlicher Anteil auf Schwerminerale entfällt (Garzanti & Andò 2007: 518).

Über eine differenzierte Betrachtung der zuvor benannten kristallchemischen Verunreinigungen ist es beispielsweise im ostasiatischen Raum gelungen, das Ursprungsgebiet des Chengdu Tonmineralbestandes von den Lösssequenzen des Chinesischen wie auch des Tibetischen Lössplateaus zu unterscheiden (Feng et al 2011: 122). Während das äolisch transportierte Material der Chengdu-Sequenz etwa Alluvialfächern des Longmen-Gebirgsvorlandes zu entstammen scheint, weisen die beiden letztgenannten Sedimentationsräume eine diversifizierte Zusammensetzung im Mineralbestand auf (Feng et al 2011: 123). Das Chinesische Lössplateau weist dabei ein homogenisiertes Substrat auf, welches aus einer Vielfalt von Deflationssubstrat kontinentaler Sedimentationsräume zusammengesetzt ist, wohingegen das äolische Material des Tibetischen Lössplateaus aus Alluvialgebieten glaziger Verwitterungsprodukte des nahgelegenen Vorfluter Yarlung Tsangpo resultiert (Sun et al 2007: 2266ff.; Feng et al 2011: 123).

Literaturverzeichnis

AHNERT, F. (2009): Einführung in die Geomorphologie. 4. Auflage. Stuttgart (Ulmer).

AVRAMIDIS, P., ILIOPOULOS, G., PANAGIOTARAS, D., PAPOULIS, D., LAMBROPOULOU, P., KONTOPOULOS, N., SIAVALAS, G. & K. CHRISTIANIS (2013): Tracking Mid- to Late Holocene depositional environments by applying sedimentological, palaeontological and geochemical proxies, Amvrakikos coastal lagoon sediments, Western Greece, Mediterranean Sea. *Quarternary International* (in press): 1-18.

BREMER, H. (1989): Allgemeine Geomorphologie – Methodik, Grundvorstellungen, Ausblick auf den Landschaftshaushalt. Berlin & Stuttgart (Borntraeger).

CATT, J.E. (1992): Angewandte Quartärgeologie. Stuttgart (Enke).

CHAMLEY, H. (1990): Sedimentology. Berlin u.a. (Springer).

EHLERS, J. (1994): Allgemeine und historische Quartärgeologie. Stuttgart (Enke).

FENG, J.L., HU, Z.G., JU, J.T. & L.P. ZHU (2011): Variations in trace element (including rare earth element) concentrations with grain sizes in loess and their implications for tracing the provenance of eolian deposits. *Quarternary International* 236: 116-126.

FÜCHTBAUER, H. (1988): Sedimente und Sedimentgesteine. Sediment-Petrologie Teil Zwei. Stuttgart (Schweizerbart).

GARZANTI, E. & S. ANDÒ (2007): Heavy Mineral Concentration in Modern Sands: Implications for Provenance Interpretation. In: Mange, M.A. & D.T. Wright [Hrsg.]: Heavy Minerals in Use. *Developments in Sedimentology* 58. Amsterdam u.a. (Elsevier).

GOUDIE, A. (2007): Physische Geographie – eine Einführung. Heidelberg & München (Spektrum).

GRIMM, E.C., DONOVAN, J.J. & K.J. BROWN (2011): A high-resolution record of climate variability and landscape response from Kettle Lake, northern Great Plains, North America. *Quarternary Science Reviews* 30 (2011): 2626 – 2650.

GROTZINGER, J., JORDAN, T.H., PRESS, F. & R. SIEVER (2008): Allgemeine Geologie. 5. Auflage. Berlin & Heidelberg (Spektrum).

HENDL, M. (2002): Lehrbuch der allgemeinen Physischen Geographie – 3. überarbeitete und erweiterte Auflage. Gotha (Perthes).

LESER, H. (2009): Geomorphologie – 9. Auflage. Braunschweig (Westermann).

LOUIS, H. (1979): Allgemeine Geomorphologie – 4. erneuerte & erweiterte Auflage. Berlin u.a. (De Gruyter).

LOWE, J.J. & M.J.C. WALKER (1997): Reconstructing quaternary environments – 2. edition. Harlow (Longman).

MANGE, M.A. & H.F. MAURER (1991): Schwerminerale in Farbe. Stuttgart (Enke).

MANGE, M.A. & D.T. WRIGHT (2007): High Resolution Heavy Mineral Analysis (HRHMA): A Brief Summary. In: Mange, M.A. & D.T. Wright [Hrsg.]: Heavy Minerals in Use. *Developments in Sedimentology* 58. Amsterdam u.a. (Elsevier).

SINGER, A. (1984): The paleoclimatic interpretation of clay minerals in sediments – a review. *Earth-Science Reviews* 21: 251 – 293.

STRAHLER, A.H. & A.N. STRAHLER (2009): Physische Geographie – 4. vollständig überarbeitete Auflage. Stuttgart (Ulmer).

SUN, J., LI, S.H., MUHS, D.R. & B. LI (2007): Loess sedimentation in Tibet: provenance, processes and link with Quarternary glaciations. *Quarternary Science Reviews* 26: 2265-2280.

TUCKER, M.E. (1985): Einführung in die Sedimentpetrologie. Stuttgart (Enke).

ÚJVÁRI, G., VARGA, A., RAUCSIK, B. & J. KOVACS (2014): The Paks loess-paleosol sequence: A record of chemical weathering and provenance for the last 800 ka in the mid-Carpathian Basin. *Quarternary International* 319 (2014): 22 – 37.

Abbildungsverzeichnis